U0157057

《东亚季风年鉴 2019》
编委会

主　编：李　多

编写人员（以姓氏笔画为序）：

王东阡　支　蓉　石　柳　李　多　邵　鰓

郑志海　赵俊虎　竺夏英　章大全　龚振淞

指导专家（以姓氏笔画为序）：

丁一汇　张庆云　何金海　张祖强　李维京

张培群　张　强　武炳义　贾小龙　龚志强

前 言

东亚是全球典型的季风气候区之一,东亚各国的社会经济、生态环境、水资源和灾害性天气气候事件等均与季风系统的活动密切相关,东亚季风活动规律及其预测研究一直是气候业务和科学研究领域关注的焦点。在全球变暖背景下,东亚地区洪涝、干旱等灾害性气候事件频繁发生,对国家安全、社会经济、生态环境等带来了严重威胁。提高气象部门季风监测、预测的业务能力,是提高中国气候灾害防御能力,保障国家经济建设与社会和谐进步的重要支撑。

国家气候中心作为国家级气候业务中心,以及世界气象组织(WMO)下属的亚洲区域气候中心和东亚季风活动中心,有责任向亚洲地区提供有关季风活动的业务指导。因此也希望通过组织编写《东亚季风年鉴》,及时揭示东亚季风系统活动的最新事实,为研究东亚季风系统的演变规律、时空分布特征和机理等提供宝贵的基础信息。同时,通过总结分析东亚季风系统活动对气候的影响,为有关部门加强防灾减灾工作提供参考。

在国家气候中心各级领导和各位专家给予的悉心指导和大力支持下,编写组经过半年多的共同努力,完成了《东亚季风年鉴 2019》编写工作。各章编写人员如下:

第 1 章东亚冬季风由支蓉统稿并编写本章摘要,其中,1.1 节由支蓉编写,1.2 节由李多编写,1.3 节由龚振淞编写,1.4 节由石柳编写,1.5 节由邵勰编写。

第 2 章东亚夏季风由丁婷统稿并编写本章摘要,其中,2.1 节由丁婷编写,2.2 节由赵俊虎编写,2.3 节由王东阡编写,2.4 节由李多编写,2.5 节由郑志海编写,2.6 节由邵勰编写。

第 3 章中国雨季由李多统稿并编写本章摘要,其中,3.1 节及 3.2 节由竺夏英编写,3.3 节由赵俊虎编写,3.4 节由李多编写,3.5 节由支蓉编写,3.6 节由李多编写。

本年鉴的编写得到国家气候中心业务维持费的资助。

编者

2020 年 12 月

目 录

前言

第1章 东亚冬季风 ……………………………………………………… (1)

1.1 冬季气温和降水 ……………………………………………… (1)

1.2 冷空气过程 …………………………………………………… (3)

1.3 极端低温事件 ………………………………………………… (4)

1.4 东亚冬季风环流系统 ………………………………………… (6)

1.5 热带大气季节内振荡(MJO)活动 ………………………… (10)

第2章 东亚夏季风 ……………………………………………………… (12)

2.1 夏季气温和降水 ……………………………………………… (12)

2.2 极端事件 ……………………………………………………… (14)

2.3 东亚夏季风系统 ……………………………………………… (17)

2.4 东亚热带夏季风 ……………………………………………… (24)

2.5 东亚副热带夏季风 …………………………………………… (27)

2.6 季节内振荡 …………………………………………………… (28)

第3章 中国雨季 ………………………………………………………… (29)

3.1 华南前汛期 …………………………………………………… (29)

3.2 西南雨季 ……………………………………………………… (30)

3.3 中国梅雨 ……………………………………………………… (32)

3.4 华北雨季 ……………………………………………………… (32)

3.5 华西秋雨 ……………………………………………………… (33)

3.6 中国雨季概况 ………………………………………………… (35)

附录A 资料和指标说明 ………………………………………………… (36)

附录B 东亚季风系统及其气候特征 …………………………………… (40)

第1章　东亚冬季风

2018/2019 年冬季,东亚冬季风较常年同期偏强。冬季风系统成员中,西伯利亚高压强度偏强、东亚大槽偏深、东亚副热带西风急流较常年同期偏强偏西偏北;北极涛动总体接近常年同期,但季节内振荡十分明显;欧亚中高纬地区阻塞活动较为频繁。此外,平流层北半球环状模(NAM)信号阶段性变化明显,2019 年 1 月初出现一次爆发性增温事件。冬季热带季节内振荡(MJO)活动表现出明显的阶段性变化,强度表现为前冬、隆冬偏强和后冬减弱。

在上述环流影响下,冬季,中国气温呈现出东北—西南向"十一十"的异常空间分布,季内气温阶段性变化特征显著,整体表现为"前冬冷、隆冬暖、后冬接近常年";中国降水偏多的空间范围较大。

1.1　冬季气温和降水

1.1.1　中国气温

2018/2019 年冬季,全国平均气温−3.1 ℃,较常年同期(−3.4 ℃)偏高 0.3 ℃(图 1.1)。从分布来看,内蒙古西部、华北东部、黄淮西部、江淮西部、江汉、江南西部、华南西部、西藏南部、西北地区西部等地气温偏低,其中内蒙古西部、湖南中部、西藏南部、新疆东部、甘肃西部偏低 1~2 ℃,局部地区偏低 2 ℃以上。全国其余地区接近常年同期或偏高,内蒙古东部、东北大部、华南东部、江南东南部、西南地区南部等地偏高明显,其中内蒙古东部、吉林、辽宁、福建南部、海南、云南东部等地平均气温偏高 2 ℃以上(图 1.2)。

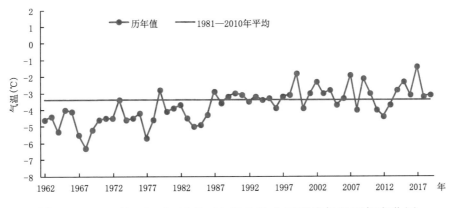

图 1.1　1961/1962—2018/2019 年冬季全国平均气温历年变化图

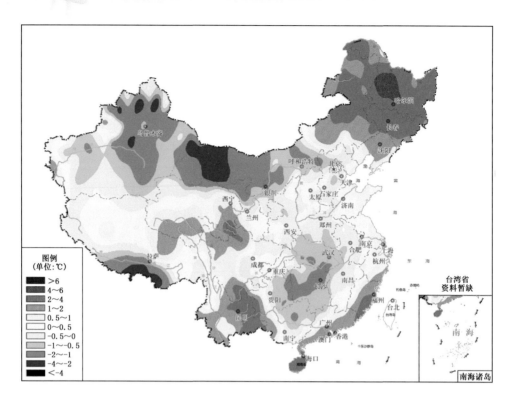

图 1.2　2018/2019 年冬季全国气温距平分布图

1.1.2　中国降水

2018/2019 年冬季,全国平均降水量为 55.8 mm,较常年同期(40.8 mm)偏多 36.8%(图 1.3)。从空间分布来看,除东北、华北大部、黄淮北部、江汉大部、华南东部、西南地区中部、西北地区西部、内蒙古大部等地降水较常年同期偏少外,全国其余大部地区降水接近常年同期或偏多。其中内蒙古中部局部、华北北部局部、江淮大部、江南东北部、华南西部、西南地区南部和西北部、西藏大部、西北地区中部和东部、内蒙古地区西部局部等地偏多 5 成至 1 倍,江苏南部、安徽东南部、上海、浙江北部、江西东部、云南南部、四川西北部、西藏中部、青海西部和南部、甘肃西部和东部局部、新疆南部局部等地偏多 1 倍以上(图 1.4)。

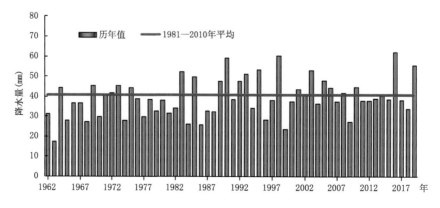

图 1.3　1961/1962—2018/2019 年冬季全国平均降水量历年变化图

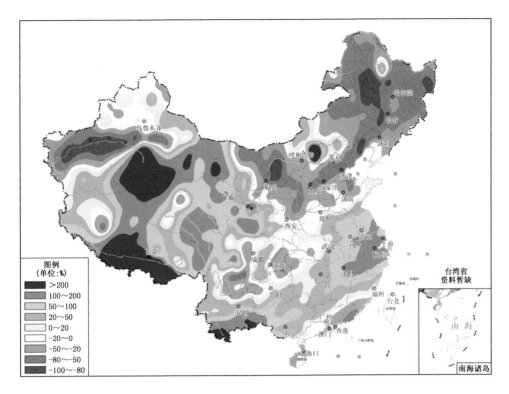

图 1.4　2018/2019 年冬季全国降水量距平百分率分布图

1.2　冷空气过程

2018/2019 年冬季,全国共经历 6 次强冷空气过程(表 1.1)。

表 1.1　2018/2019 年中国强冷空气过程列表

开始时间	结束时间	强度等级
2018 年 12 月 3 日	2018 年 12 月 6 日	强冷空气
2018 年 12 月 23 日	2018 年 12 月 24 日	强冷空气
2019 年 1 月 31 日	2019 年 2 月 1 日	强冷空气
2019 年 2 月 4 日	2019 年 2 月 5 日	强冷空气
2019 年 2 月 7 日	2019 年 2 月 11 日	强冷空气
2019 年 2 月 15 日	2019 年 2 月 16 日	强冷空气

　　从 2018/2019 年冬季主要强冷空气过程(持续时间最长的两次过程)的降温幅度和路径来看:

　　(1)2018 年 12 月 3—6 日的强冷空气过程持续时间为 4 d,内蒙古、东北、华北北部和西部、黄淮中东部以及甘肃中西部最大降温幅度在 10 ℃以上,局地超过 12 ℃;最大降温幅度超过 10 ℃的面积为 295.2 万 km²,约占国土面积的三成(图 1.5)。

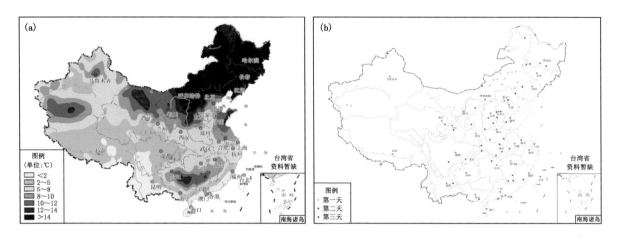

图 1.5 2018 年 12 月 3—6 日强冷空气过程最大降温幅度(a)及过程前 3 日显著降温台站(b)分布图

(2)2019 年 2 月 7—11 日的强冷空气过程持续时间为 5 d,华北东部至西北地区东部、长江以南大部地区以及新疆北部最大降温幅度在 10 ℃以上,其中新疆北部、河套、江南及贵州南部最大降温幅度超过 14 ℃(图 1.6)。

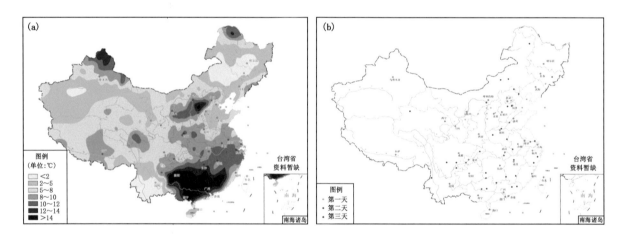

图 1.6 2019 年 2 月 7—11 日强冷空气过程最大降温幅度(a)及过程前 3 日显著降温台站(b)分布图

1.3 极端低温事件

2018/2019 年冬季,全国有 67 站发生极端低温事件(图 1.7),主要分布于贵州、湖南、广西、河北、内蒙古、黑龙江和西藏。从全国极端低温事件站次数历年变化来看,在 1977 年后全国极端低温事件频次显著减少,2018/2019 年冬季,全国共 133 站次发生极端低温事件,较常年值(262 站次)偏少(图 1.8)。

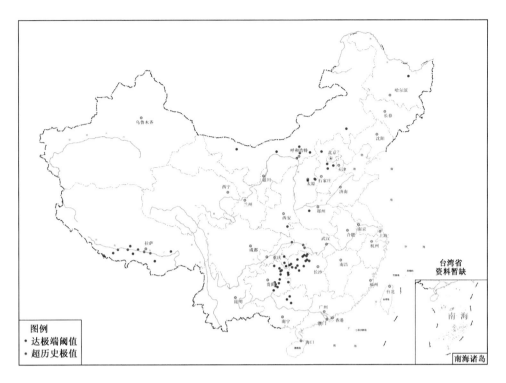

图 1.7 2018/2019 年冬季中国发生极端低温事件的站点分布图

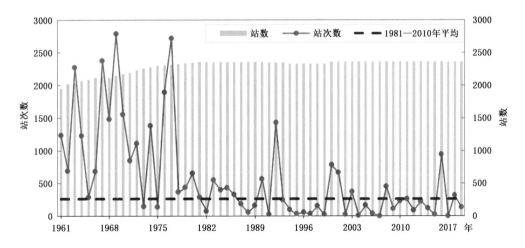

图 1.8 1960/1961—2018/2019 年冬季中国极端低温事件站次数的历年变化图

1.4 东亚冬季风环流系统

1.4.1 东亚冬季风强度

2018/2019 年冬季,东亚冬季风强度指数为 0.98,强度较常年同期偏强(图 1.9)。

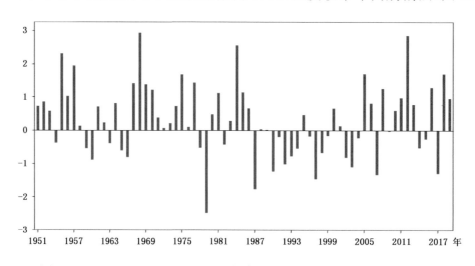

图 1.9 1950/1951—2018/2019 年东亚冬季风强度指数历年变化图

1.4.2 冬季风系统成员

(1)西伯利亚高压

2018/2019 年冬季,西伯利亚高压强度距平指数为 2.0,强度较常年同期偏强(图 1.10)。

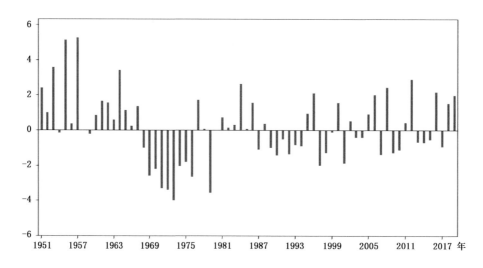

图 1.10 1950/1951—2018/2019 年冬季西伯利亚高压强度距平指数历年变化图

（2）东亚大槽

2018/2019年冬季，东亚大槽强度指数距平为－58.24，强度较常年同期偏强（图1.11）。

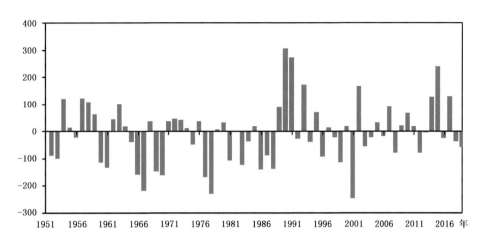

图1.11　1950/1951—2018/2019年冬季东亚大槽强度指数距平历年变化图

（3）东亚副热带西风急流

2018/2019年冬季，东亚副热带西风急流指数为455.0，较常年同期（418.0）偏大，表明急流偏强（图1.12）。东亚副热带西风急流核位于136.8°E，33.4°N，较常年同期（137.5°E，32.3°N）偏西、偏北（图1.13和图1.14）。

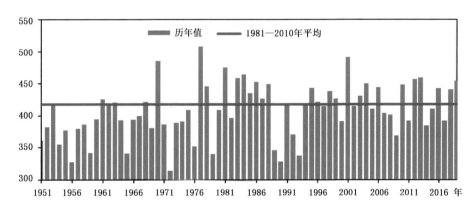

图1.12　1950/1951—2018/2019年冬季东亚副热带西风急流指数历年变化图

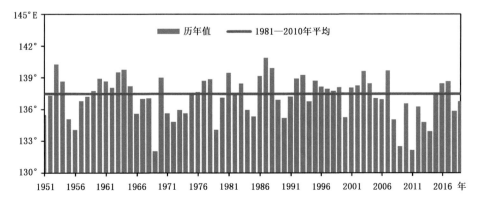

图1.13　1950/1951—2018/2019年冬季东亚副热带西风急流核经向位置历年变化图

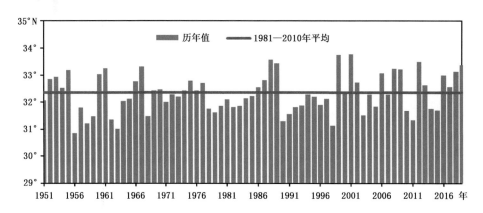

图 1.14　1950/1951—2018/2019 年冬季东亚副热带西风急流核纬向位置历年变化图

（4）北极涛动

2018/2019 年冬季,北极涛动以接近常年同期为主,平均强度指数为 0.18（图 1.15）。从季节内变化来看,北极涛动振荡十分显著,负位相主要出现在 12 月中旬末至下旬前期、1 月中旬和下旬,2 月上旬（图 1.16）。

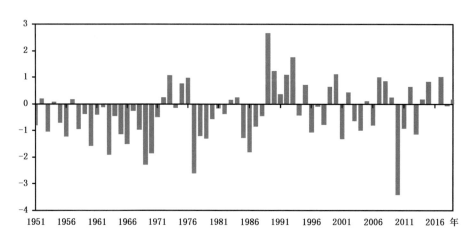

图 1.15　1951/1952—2018/2019 年冬季北极涛动指数历年变化图

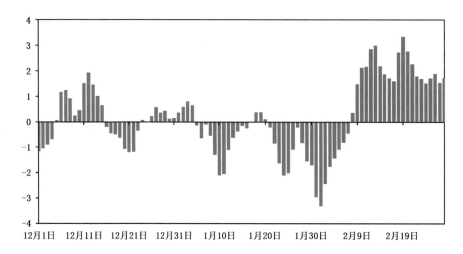

图 1.16　2018 年 12 月 1 日至 2019 年 2 月 28 日北极涛动指数变化图

1.4.3 阻塞高压活动

2018/2019 年冬季,欧亚中高纬地区阻塞活动较为频繁。2019 年 2 月阻塞活动较弱。2018 年 12 月下旬和 2019 年 1 月下旬在鄂霍次克海地区上空出现了强度较强的阻塞活动。2018 年 12 月中旬、2019 年 1 月上旬、2019 年 2 月中下旬在乌拉尔山以西地区上空有较明显的阻塞活动,其中 2 月下旬阻塞活动强度较强。贝加尔湖地区无明显阻塞过程(图 1.17)。

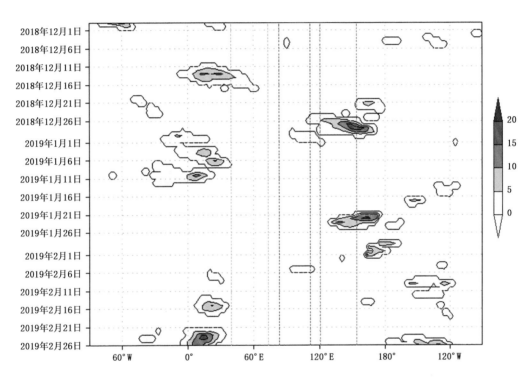

图 1.17　2018/2019 年冬季北半球阻塞高压指数时间—经度演变特征图

1.4.4 平流层过程

2018 年 10 月初至 2019 年 4 月末,平流层 NAM 信号阶段性变化明显(图 1.18),1 月 2 日出现一次爆发性增温事件。

根据早期观测资料,平流层大尺度环流变化首先出现在距离地面约 50 km 的高度,然后下传至平流层的低层,最后下传至对流层,导致对流层出现异常天气事件。2018 年 12 月上旬、中旬,平流层 NAM 为正值,极区平流层位势高度为负距平(图 1.18),平流层极涡稳定,对流层极区冷空气不易向南下扩散。1 月 2 日平流层爆发性增温事件开始,平流层 NAM 指数转为负值并下传至地面,极区平流层位势高度为正距平(图 1.19),极区对流层冷空气较为活跃,冷空气南侵易造成我国大部分地面气温偏低。

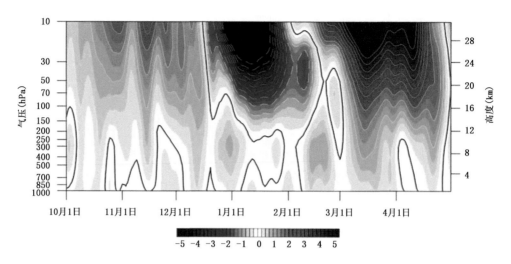

图 1.18　2018 年 10 月至 2019 年 4 月 NAM 指数高度—时间分布图

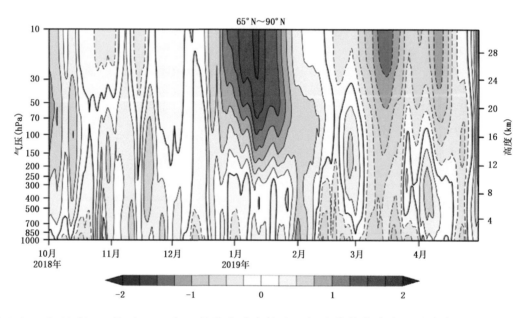

图 1.19　2018 年 10 月至 2019 年 4 月北半球高纬地区标准化位势高度距平高度—时间分布图

1.5　热带大气季节内振荡(MJO)活动

　　2018/2019 年冬季,MJO(Madden-Julian Oscillation)活动阶段性变化特征明显。2018年 12 月,MJO 活动强度偏强,且上中旬 MJO 传播较快,从第 1 位相传播到第 4 位相。12月下旬,MJO 传播较慢,只活动于第 5 位相。2019 年 1 月上旬,MJO 活动强度仍偏强,传播较快,从第 5 位相传播到第 8 位相。1 月第 3 候 MJO 活动偏弱,第 4 候起 MJO 强度转强,第4～6候,MJO从第4位相传播到第6位相。从2019年2月开,MJO强度除14—16日阶段性减弱外整体维持,并从第7位相传播到第2位相(图1.20)。

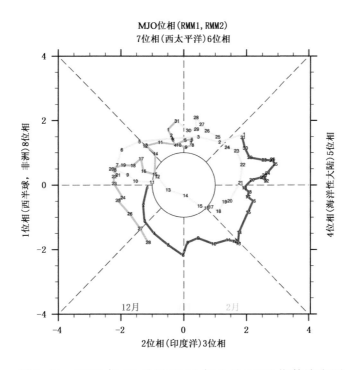

图1.20 2018年12月至2019年2月MJO指数演变图

(MJO指数在中心圆以内强度偏弱,反之亦然)

第 2 章　东亚夏季风

　　2019 年,亚洲热带季风最早于 4 月第 6 候在赤道印度洋西南地区建立,然后分别向西北和东北方向推进。南海夏季风于 5 月第 2 候爆发,较常年偏早 3 候;于 9 月第 5 候结束,较常年偏早 1 候;强度较常年明显偏强。

　　夏季,东亚副热带夏季风平均强度较常年同期偏强。西太平洋副热带高压面积偏大、强度偏强、西伸脊点偏西、脊线位置偏南。西北太平洋热带辐合带(季风槽)强度接近常年。夏季,中国东部主要多雨区位于江南至华南及东北地区;全国大部地区气温偏高。

　　夏季风系统其他成员中,马斯克林高压强度接近常年,澳大利亚高压强度偏强,索马里越赤道气流强度接近常年,孟加拉湾越赤道气流异常偏强,为 1951 年以来最大值。南海越赤道气流偏强,菲律宾越赤道气流偏强。南亚高压强度偏强,中心位置略偏南。东亚副热带西风急流强度偏弱,急流中心位置偏北。此外,夏季 30~60 d 低层纬向风季节内振荡经向传播局限在 30°N 以南。

▋ 2.1　夏季气温和降水

2.1.1　中国气温

　　2019 年夏季,全国平均气温为 21.5 ℃,较常年同期(20.9 ℃)偏高 0.6 ℃(图 2.1)。从空间分布来看,全国大部地区气温接近常年同期或偏高,其中华北南部、黄淮大部、江汉大部、西南地区中南部、新疆东部气温偏高 1~2 ℃;而东北地区北部气温偏低 0.5~1.0 ℃(图 2.2)。

2.1.2　中国降水

　　2019 年夏季,全国平均降水量为 336.7 mm,较常年同期(324.0 mm)偏多 4%(图2.3)。从空间分布来看,中国东部主要多雨区位于江南至华南及东北地区,西北地区降水总体也偏多。东北大部、内蒙古东部和西部部分地区、黄淮东部、江南南部、华南北部、西北地区中部和东部部分地区、新疆南部、西藏西部降水偏多 20%~50%,局部偏多 50%以上。内蒙古中部部分地区、华北东部、黄淮中部、江汉、江南北部、云南南部、新疆中北部等地降水偏少 20%~50%(图 2.4)。

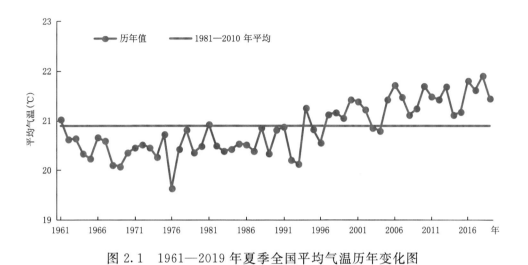

图 2.1　1961—2019 年夏季全国平均气温历年变化图

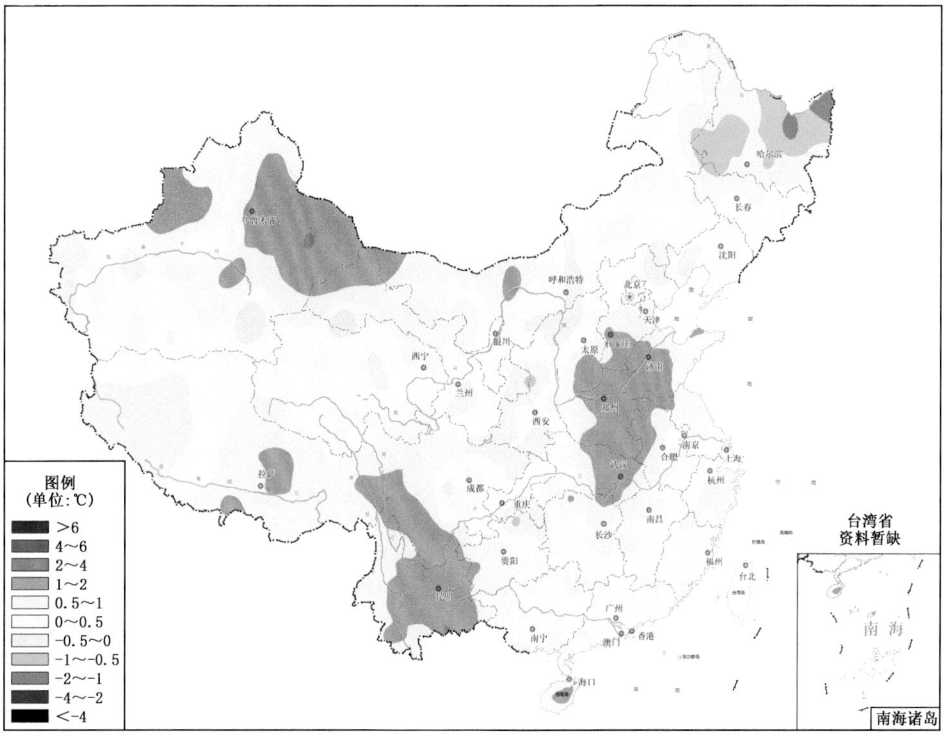

图 2.2　2019 年夏季全国平均气温距平分布图

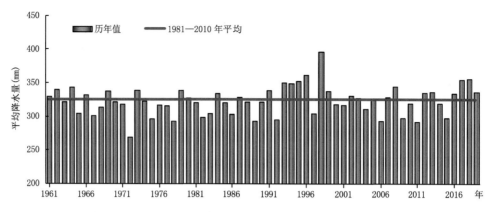

图 2.3　1961—2019 年夏季全国平均降水量历年变化图

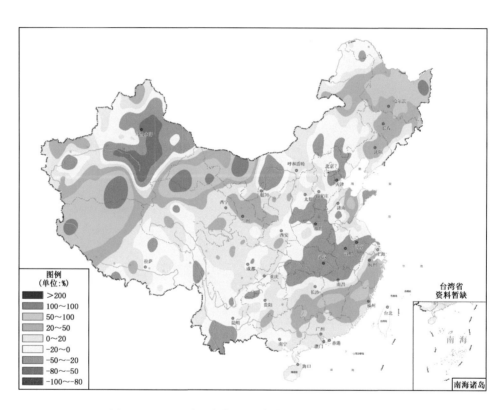

图 2.4　2019 年夏季全国降水距平百分率分布图

2.2　极端事件

2.2.1　极端高温

2019 年夏季,西南地区中南部、江汉等地有 254 站发生极端高温事件(图 2.5),其中贵

州施秉(38.7 ℃),湖北宜城(40.0 ℃)等 35 站的日最高气温达到或突破历史极大值。季
内,全国共发生极端高温事件 458 站次,较常年同期(249 站次)偏多 84 %(图 2.6)。

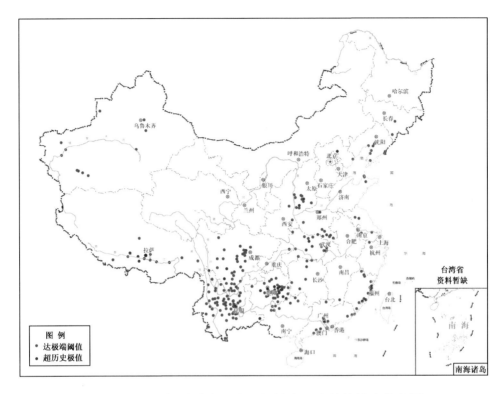

图 2.5　2019 年夏季中国发生极端高温事件的站点分布图

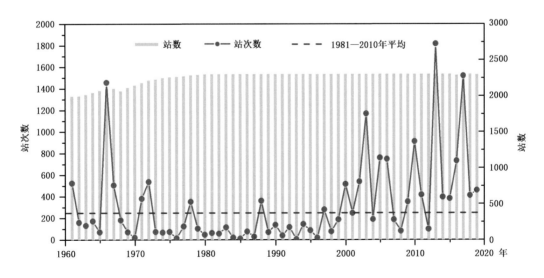

图 2.6　1961—2019 年夏季中国极端高温事件站次数的历年变化图

2.2.2 极端降水

2019 年夏季,黄淮、江南等地有 180 站发生极端日降水量事件(图 2.7),其中山东广饶 (347.8 mm),浙江桐庐(159.2 mm)等 47 站的日降水量达到或突破历史极大值。季内,全 国共发生极端日降水量事件 195 站次,与常年同期一致(图 2.8)。

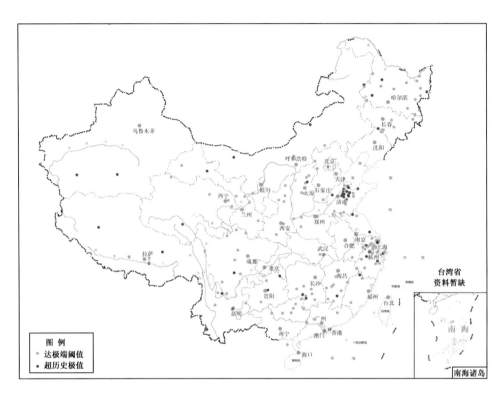

图 2.7 2019 年夏季中国发生极端日降水量事件的站点分布图

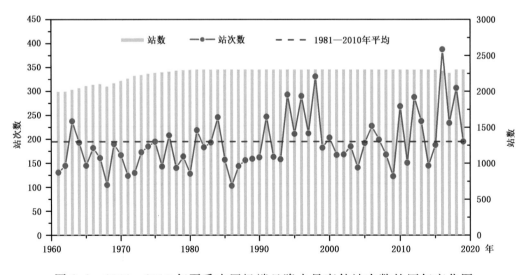

图 2.8 1961—2019 年夏季中国极端日降水量事件站次数的历年变化图

2.3 东亚夏季风系统

2.3.1 澳大利亚高压

2019 年夏季,澳大利亚高压指数为 1022.8 hPa,较常年(1020.3 hPa)偏强 2.5 hPa(图 2.9)。

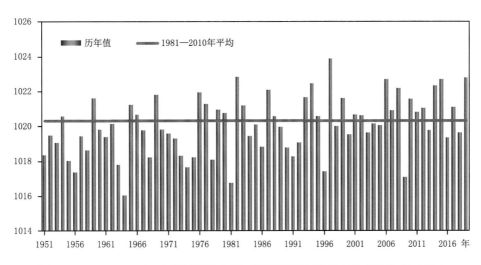

图 2.9 1951—2019 年夏季澳大利亚高压强度历年变化图(单位:hPa)

2.3.2 马斯克林高压

2019 年夏季,马斯克林高压指数为 1022.9 hPa,接近常年(1023.5 hPa)(图 2.10)。

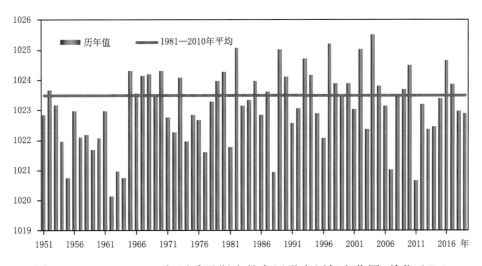

图 2.10 1951—2019 年夏季马斯克林高压强度历年变化图(单位:hPa)

2.3.3　西太平洋副热带高压

　　2019 年夏季,西太平洋副热带高压(简称西太副高)面积指数为 10.80 Mkm²,较常年(5.71 Mkm²)偏大 5.09 Mkm²,强度指数为 241.30 Mkm²·gpm,较常年(99.74 Mkm²·gpm)偏强 141.56 Mkm²·gpm。脊线位于 24.9°N,较常年(25.5°N)偏南 0.6 个纬度,西伸脊点位于 130.0°E,较常年(132.4°E)偏西 2.4 个经度。总之,2019 年夏季西太副高面积明显偏大、强度明显偏强、脊线位置偏南、西伸脊点偏西(图 2.11～图 2.14)。

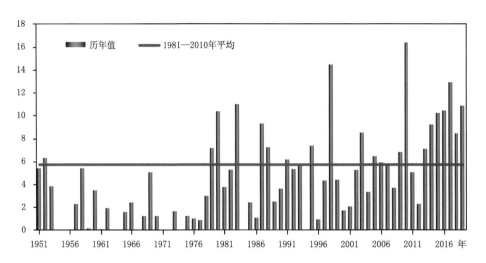

图 2.11　1951—2019 年夏季西太副高面积指数历年变化图(单位:Mkm²)
(无数据年份表示当年夏季西太副高指数监测区内没有副高体)

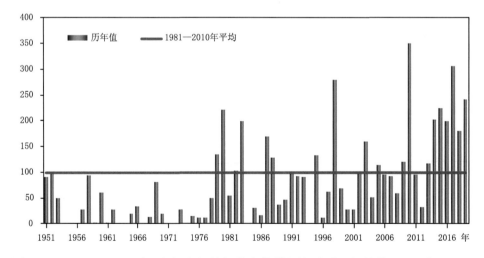

图 2.12　1951—2019 年夏季西太副高强度指数历年变化图(单位:Mkm²·gpm)
(无数据年份表示当年夏季西太副高指数监测区内没有副高体)

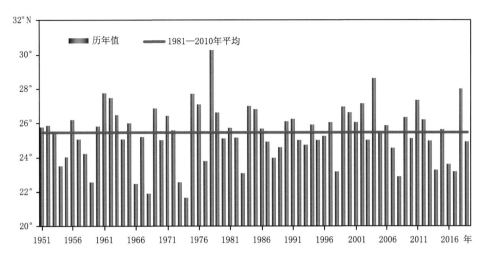

图 2.13　1951—2019 年夏季西太副高脊线位置指数历年变化图

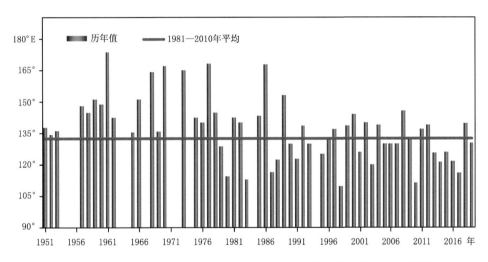

图 2.14　1951—2019 年夏季西太副高西伸脊点指数历年变化图
（无数据年份表示当年夏季西太副高西伸脊点监测区内没有副高体）

2.3.4　热带辐合带(ITCZ)

　　热带辐合带是东亚夏季风系统的重要成员,南半球冷空气爆发导致气流越过赤道侵入北半球,汇入西南季风,与北半球副热带高压南侧的偏东气流相遇,形成广阔的热带辐合带。在气候意义上,该辐合带从南海的中北部向东延伸、穿过菲律宾,可到达 $140°\sim150°E$ 附近(图 2.15)。

　　2019 年夏季,热带辐合带在 $100°\sim150°E$ 范围,辐合带位置及辐合带内对流活动(OLR)强度均接近常年(图 2.16),从西北太平洋地区热带辐合带对流异常强度指数看,2019 年为 222.1 W/m^2,接近常年(220.9 W/m^2)(图 2.17)。

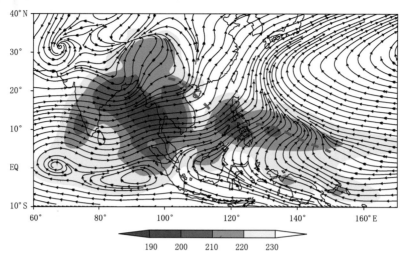

图 2.15　1981—2010 年夏季气候平均 850 hPa 平均风场(流线,单位:m/s)和 OLR(彩色阴影,单位:W/m²)分布图
(粗虚线为辐合带所在位置)

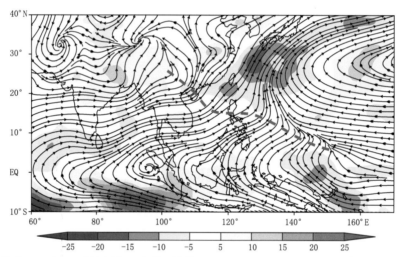

图 2.16　2019 年夏季 850 hPa 平均风场(流线,单位:m/s)和 OLR 距平场(彩色阴影,单位:W/m²)分布图
(粗虚线表示辐合带所在位置)

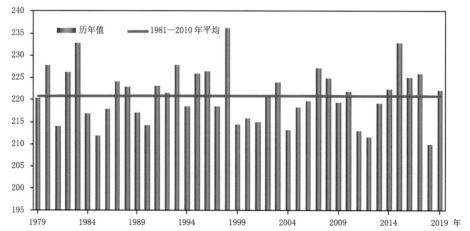

图 2.17　1979—2019 年夏季西北太平洋 ITCZ 强度指数历年变化图(单位:W/m²)
(指数小于气候值表示强度偏强)

2.3.5 越赤道气流

（1）索马里越赤道气流

2019 年夏季,索马里越赤道气流强度指数为 9.3 m/s,与常年（9.3 m/s）相同（图 2.18）。

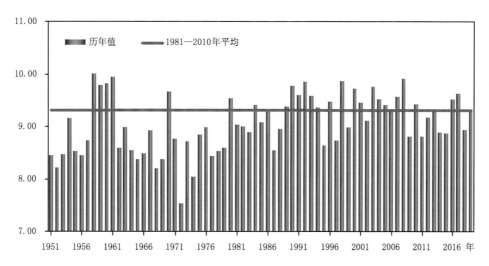

图 2.18 1951—2019 年夏季索马里越赤道气流强度历年变化图（单位:m/s）

（2）孟加拉湾越赤道气流

2019 年夏季,孟加拉湾越赤道气流强度指数为 3.0 m/s,为 1951 年以来最大值,较常年（1.1 m/s）偏大 1.9 m/s（图 2.19）。

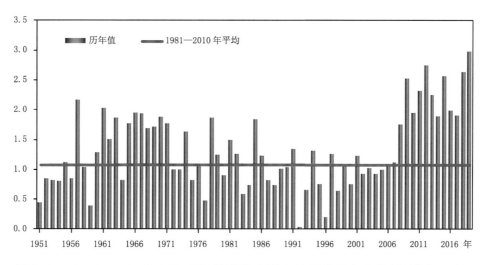

图 2.19 1951—2019 年夏季孟加拉湾越赤道气流强度历年变化图（单位:m/s）

（3）南海越赤道气流

2019 年夏季,南海越赤道气流强度指数为 1.9 m/s,较常年（1.6 m/s）偏大 0.3 m/s（图 2.20）。

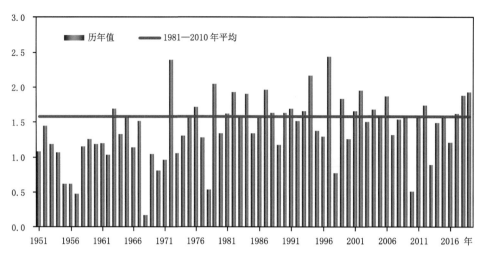

图 2.20　1951—2019 年夏季南海越赤道气流强度历年变化图（单位：m/s）

（4）菲律宾越赤道气流

2019 年夏季，菲律宾越赤道气流强度指数为 3.0 m/s，较常年（2.4 m/s）偏大 0.6 m/s（图 2.21）。

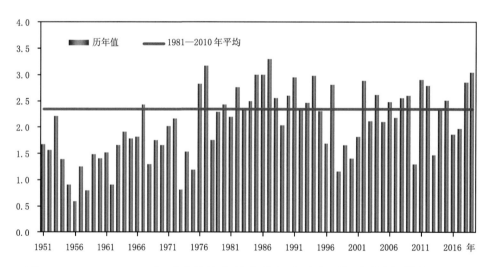

图 2.21　1951—2019 年夏季菲律宾越赤道气流强度历年变化图（单位：m/s）

2.3.6　南亚高压

2019 年夏季，南亚高压的强度偏强，中心位置略偏南（图 2.22），南亚高压强度指数为 86.7 dagpm，较常年（83.8 dagpm）偏大 2.9 dagpm（图 2.23）。

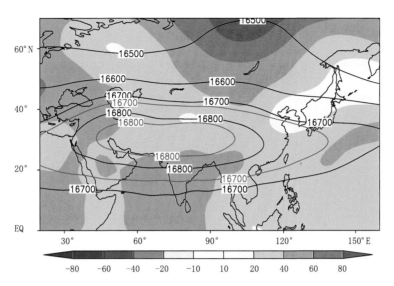

图 2.22 2019 年夏季 100 hPa 高度场(等值线)和距平场(彩色阴影)分布图(单位:gpm)
(红色等值线表示气候平均同期 16800 gpm 和 16700 gpm 等值线,近似代表南亚高压气候平均位置)

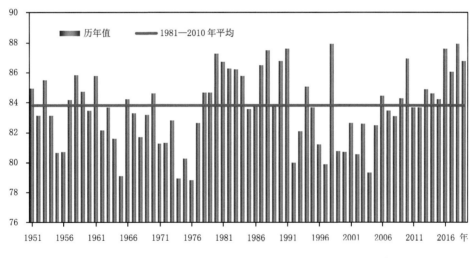

图 2.23 1951—2019 年夏季南亚高压强度指数历年变化图(单位:dagpm)

2.3.7 东亚副热带西风急流

2019 年夏季,东亚副热带西风急流强度指数为 2.27 Mkm² · (m/s),较常年 (3.08 Mkm² · (m/s))偏小 0.81 Mkm² · (m/s)(图 2.24);急流中心位于 42.0°N,较常年 (40.5°N)偏北 1.5 个纬度(图 2.25)。

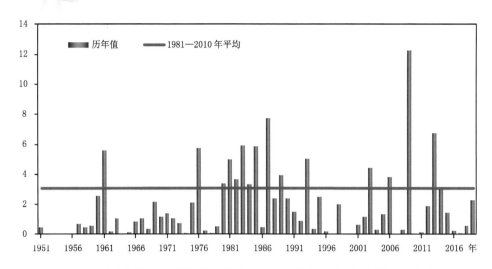

图 2.24　1951—2019 年夏季东亚副热带西风急流强度指数历年变化图（单位：Mkm² · (m/s)）
（无数据年份表示当年夏季东亚副热带西风急流监测区内纬向风风速均低于 30 m/s）

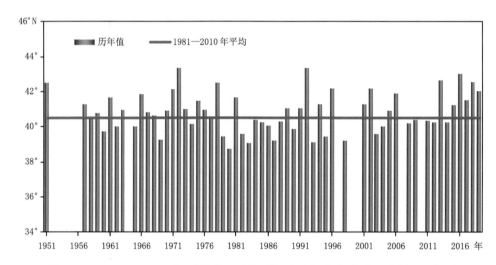

图 2.25　1951—2019 年夏季东亚副热带西风急流南北位置历年变化图
（无数据年份表示当年夏季东亚副热带西风急流监测区内纬向风风速均低于 30 m/s）

2.4　东亚热带夏季风

2.4.1　热带季风推进过程

2019 年，亚洲热带季风最早于全年第 24 候（4 月第 6 候）在赤道印度洋西南地区建立，然后分为西北及东北两个主要方向推进；至第 26 候（5 月第 2 候）热带夏季风向东北方向推进到南海中部，标志着该地区进入热带夏季风的爆发状态，较常年（5 月第 5 候）偏早；热带夏季风向西北方向推进的前沿于 6 月 8 日抵达喀拉拉邦，较气候平均日期偏晚 7 d；于 7 月

19 日覆盖印度大陆,较气候平均日期偏晚 4 d。

2.4.2 南海夏季风爆发

　　2019 年 5 月第 2 候,来自热带印度洋的西南季风已经推进至南海地区,从索马里经赤道印度洋、孟加拉湾、中南半岛至南海地区的西南暖湿水汽通道也已经基本建立。与此同时,西太副高主体已撤出南海,南海地区对流活动开始活跃(图略)。从监测指标看,自 5 月第 2 候起南海地区(10°~20°N,110°~120°E)连续 2 候在 850 hPa 上空维持西风,且平均假相当位温超过 340 K(图 2.26)。因此,2019 年南海夏季风于 5 月第 2 候爆发,爆发时间较常年(5 月第 5 候)偏早 3 候(图 2.27)。

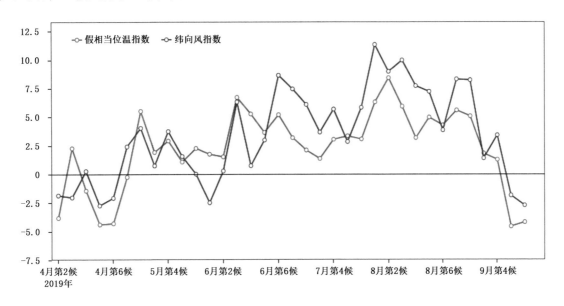

图 2.26　2019 年南海夏季风监测区(10°~20°N,110°~120°E)850 hPa 平均纬向风(单位:m/s)和假相当位温(单位:K)逐候演变图

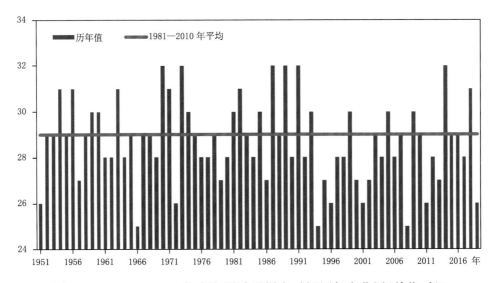

图 2.27　1951—2019 年南海夏季风爆发时间历年变化图(单位:候)

2.4.3 南海夏季风结束

2019 年 9 月第 5 候,南海夏季风监测区(10°～20°N,110°～12°E)假相当位温转为 340 K以下(图 2.26),850 hPa 风场由西南风转为东北风,对流层低层(850 hPa)索马里越赤道气流明显减弱,东北气流开始稳定地占据南海上空,表征南海夏季风的两个重要监测指标(假相当位温和纬向风)稳定地下降到临界值以下。

综合大气环流形势和季风监测指标,2019 年南海夏季风于 9 月第 5 候结束,较常年(9月第 6 候)偏早 1 候(图 2.28)。

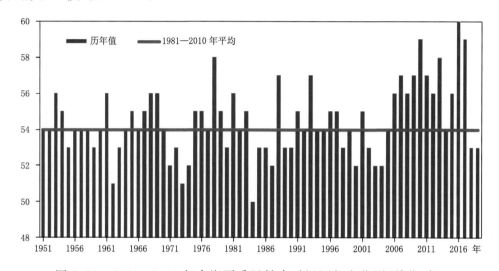

图 2.28　1951—2019 年南海夏季风结束时间历年变化图(单位:候)

2.4.4 南海夏季风强度

2019 年南海夏季风强度指数为 1.43,强度明显偏强(图 2.29)。南海夏季风强度的逐候演变显示,自 5 月第 2 候南海夏季风爆发后,监测区南海夏季风的强度呈波动性变化,5

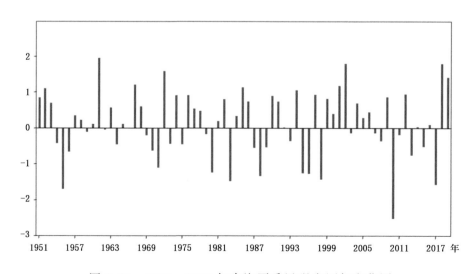

图 2.29　1951—2019 年南海夏季风强度历年变化图

月第 2~4 候、6 月第 3 候、6 月第 6 候至 7 月第 4 候,7 月第 6 候至 9 月第 2 候、9 月第 4 候的强度偏强,6 月第 1 候及 9 月第 5 候强度偏弱,其余时段强度接近常年同期(图略)。

2.5 东亚副热带夏季风

2.5.1 东亚副热带夏季风推进过程

2019 年,东亚副热带夏季风季节内阶段性特征明显。5 月第 2 候,南海夏季风爆发,随着西南季风的北推和西太副高北跳,东亚副热带夏季风迅速推进至我国江南地区。6 月第 4 候,东亚夏季风向北推进,季风涌向北扩张进入长江中下游地区。7 月第 4 候开始,西太副高迅速北跳,东亚副热带夏季风推进至华北和东北地区,并一直维持至 8 月第 2 候。8 月第 3 候副高开始明显南退,东亚副热带夏季风在 8 月第 4 候至 9 月第 3 候主要维持在江南至长江中下游地区。9 月第 5 候,随着北方冷空气南下影响我国华南沿海和南海地区,南海地区的热力性质出现明显改变,东亚副热带夏季风撤离南海地区(图 2.30)。

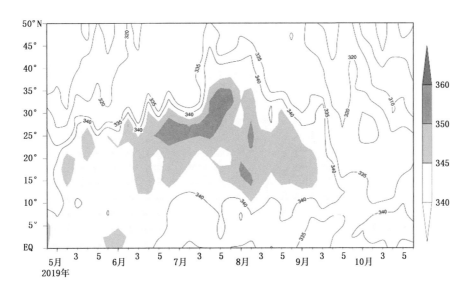

图 2.30 2019 年 5 月第 1 候至 10 月第 6 候 110°~120°E 候平均假相当位温纬度—时间剖面图(单位:K)

2.5.2 东亚副热带夏季风强度

2019 年东亚副热带夏季风平均强度指数为 0.77,较常年偏强(图 2.31)。

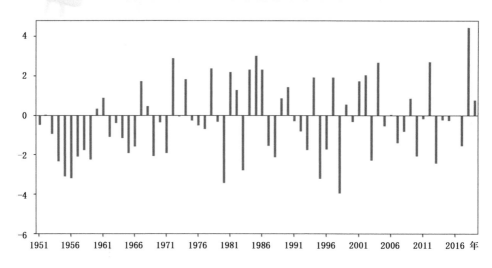

图 2.31　1951—2019 年东亚副热带夏季风强度指数的历年变化图

2.6　季节内振荡

　　2019 年夏季,东亚地区 30～60 d 季节内振荡(ISO)经向传播局限在 30°N 以南(图 2.32)。5 月上半月,南海地区上空处于 ISO 发展位相的正位相阶段控制,南海夏季风爆发。6 月中旬,ISO 发展位相传播至江南地区,江南和长江中下游相继入梅。6 月中旬至 7 月中旬,ISO 正位相控制江南地区,江南梅雨量较常年偏多。由于 ISO 北传受阻,因此江淮出现空梅,华北雨季开始偏晚,降水量较常年偏少。

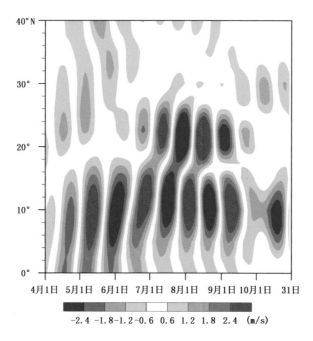

图 2.32　2019 年 110°～120°E 范围平均的 30～60 d 滤波 850 hPa 纬向风经度—时间演变图

第3章　中国雨季

2019 年夏季,中国主要雨季进程特征:华南前汛期于 3 月 9 日开始,较常年偏早;7 月 26 日结束,较常年偏晚;前汛期总降水量较常年偏多 51%。西南雨季于 6 月 10 日开始,10 月 20 日结束,均较常年偏晚;雨季总降水量较常年偏少 10%。江南梅雨于 6 月 17 日入梅,7 月 17 日出梅,均较常年偏晚;梅雨量较常年偏多 25%。长江中下游梅雨于 6 月 16 日入梅,7 月 14 日出梅,均较常年偏晚;梅雨量较常年偏多 0.4%。2019 年为江淮梅雨空梅年。华北雨季于 7 月 23 日开始,较常年偏晚;8 月 18 日结束,与常年结束时间一致;雨季总降水量较常年偏少 8.6%。华西秋雨于 8 月 27 日开始,较常年偏早;11 月 30 日结束,较常年偏晚;雨季总降水量较常年偏多 34%。

3.1　华南前汛期

2019 年华南前汛期于 3 月 9 日开始,较常年(4 月 6 日)偏早 28 d;结束于 7 月 26 日,较常年(7 月 4 日)偏晚 22 d,是 1961 年以来最长前汛期。2019 年华南前汛期总降水量 1084 mm,比常年(718.2 mm)偏多 51%,为 1961 年以来次多(图 3.1)。

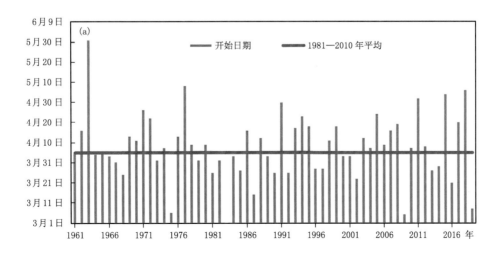

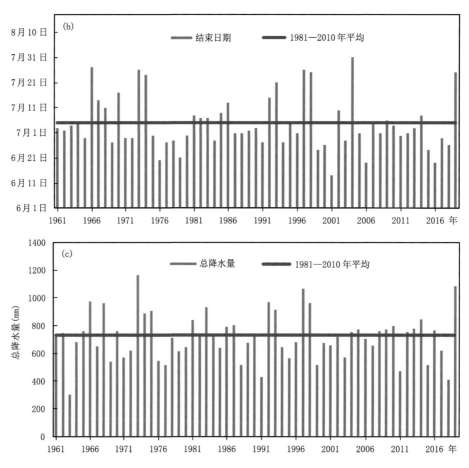

图 3.1　1961—2019 年华南前汛期开始日期(a)、结束日期(b)和前汛期总降水量(c)历年变化图

3.2　西南雨季

　　2019 年西南雨季开始于 6 月 10 日,较常年(5 月 26 日)偏晚 15 d,结束于 10 月 20 日,比常年(10 月 14 日)偏晚 6 d,总降水量为 674 mm,比常年(744.9 mm)偏少 10％(图 3.2)。

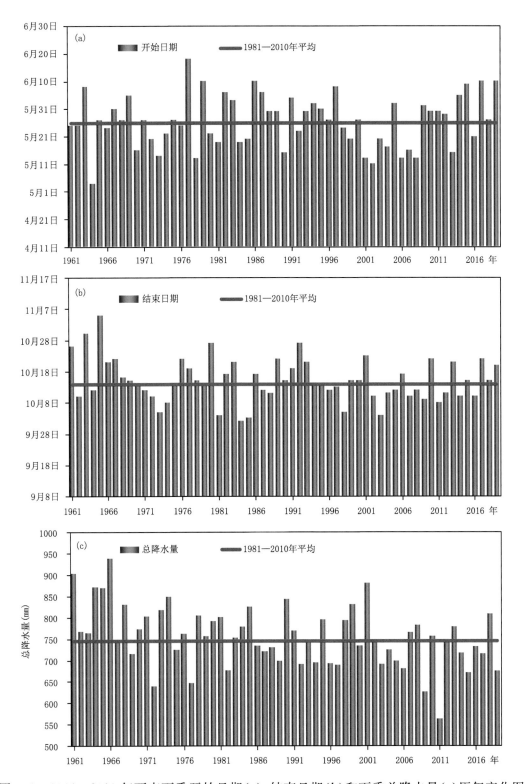

图 3.2 1961—2019 年西南雨季开始日期(a)、结束日期(b)和雨季总降水量(c)历年变化图

3.3 中国梅雨

　　按照梅雨监测业务规范,2019 年江南区 6 月 17 日入梅,较常年偏晚 9 d,7 月 17 日出梅,较常年偏晚 9 d,梅雨量为 458 mm,较常年偏多 25%;长江中下游区 6 月 16 日入梅,较常年同期偏晚 2 d,7 月 14 日出梅,较常年偏晚 1 d,梅雨量为 280 mm,较常年偏多 0.4%;江淮区梅雨量异常偏少,出现空梅(表 3.1)。因此,2019 年中国梅雨总体特征为:入梅晚,出梅晚,梅雨量呈南多北少态势。

表 3.1　2019 年梅雨监测概况信息表

区域	入梅日期	出梅日期	梅雨期(d)	梅雨量(mm)
Ⅰ型(江南)	6 月 17 日	7 月 17 日	30	458(+25%)
Ⅱ型(长江中下游)	6 月 16 日	7 月 14 日	28	280(+0.4%)
Ⅲ型(江淮)	空梅			

注:梅雨量括号中数值为梅雨降水距平百分率。

3.4 华北雨季

　　2019 年华北雨季于 7 月 23 日开始,较常年(7 月 18 日)偏晚 5 d,于 8 月 18 日结束,与常年结束时间一致,雨季长度为 26 d,较常年(32 d)偏短 6 d;2018 年华北雨季总降水量为 124 mm,较常年(135.7 mm)偏少 8.6%(图 3.3)。

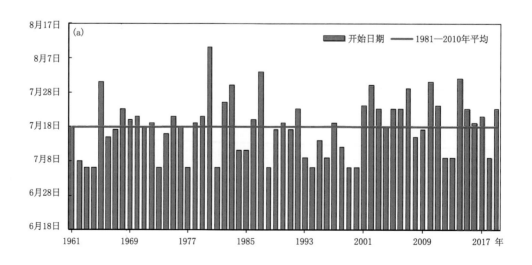

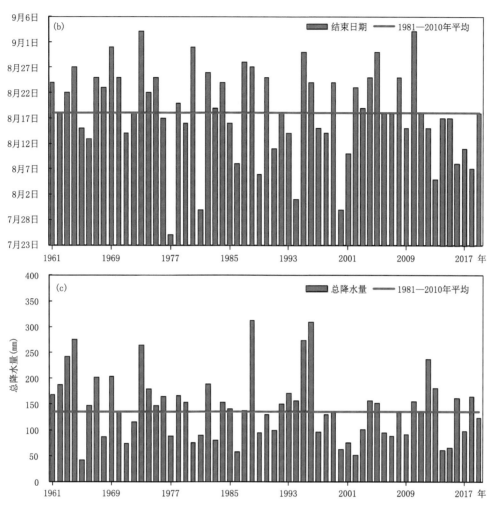

图 3.3　1961—2019 年华北雨季开始日期(a)、结束日期(b)和
雨季总降水量(c)历年变化图

3.5　华西秋雨

　　2019 年华西秋雨于 8 月 27 日开始,较常年偏早 4 d;11 月 30 日结束,较常年偏晚 29 d;总降水量 272 mm,较常年偏多 34%(图 3.4)。其中华西南部雨量偏多 57.1%,居 1961 年以来第 7 位;华西北部雨量较常年略偏多。

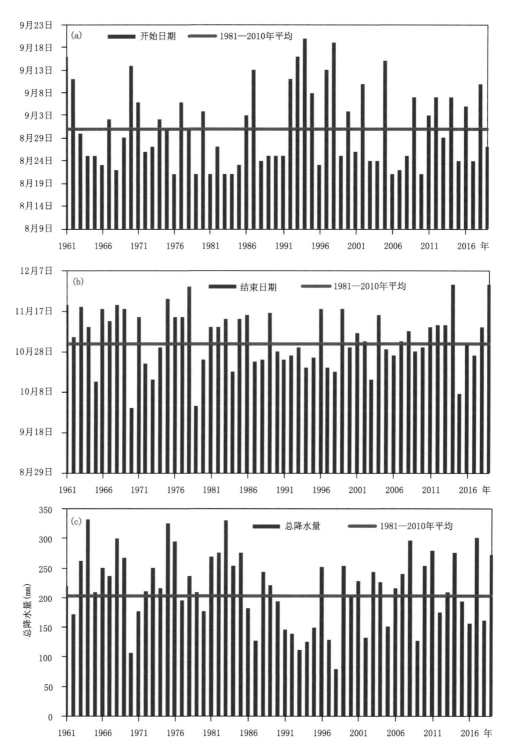

图 3.4　1961—2019 年华西秋雨开始日期(a)、结束日期(b)和
秋季总降水量(c)历年变化图

3.6　中国雨季概况

综合以上分析,2019 年中国雨季概况见表 3.2。

表 3.2　2019 年中国雨季概况信息表

		开始日期—结束日期	总降水量(mm)
华南前汛期		2019 年 3 月 9 日—7 月 26 日	1084(偏多 51%)
西南雨季		2019 年 6 月 10 日—10 月 20 日	674(偏少 10%)
梅雨	江南	2019 年 6 月 17 日—7 月 17 日	458(偏多 25%)
	长江中下游	2019 年 6 月 16 日—7 月 14 日	280(偏多 0.4%)
	江淮	空梅	—
华北雨季		2019 年 7 月 23 日—8 月 18 日	124(偏少 8.6%)
华西秋雨		2019 年 8 月 27 日—11 月 30 日	272(偏多 34%)

附录 A 资料和指标说明

A1 资料

　　全球地面逐月平均气温、降水量资料来自中国国家气象信息中心和美国国家气候资料中心，共 3285 个观测站，多年平均基准期为 1981—2010 年。

　　中国地面逐月平均气温、降水量资料来自中国国家气象信息中心，共 2415 个观测站，多年平均基准期为 1981—2010 年。

　　中国极端事件指标监测使用的逐日资料来自中国国家气象信息中心，从全国 2415 个气象站中选取时间序列至少有 40 a、分布较为均匀的 2415 个站点，观测要素包括平均气温、最高气温、最低气温及日降水量，多年平均基准期为 1981—2010 年。

　　大气环流资料来自美国国家环境预测中心，多年平均基准期为 1981—2010 年。

　　2019 年冬季为 2018 年 12 月至 2019 年 2 月。本年鉴中的图表（序列图），2018/2019 年冬季在横坐标中标为 2019，相应计算 1981—2010 年气候态时，为 1980/1981 年至 2009/2010 年冬季平均。

A2 监测指标说明

A2.1 极端事件监测指标

　　中国极端事件监测使用历史极值、百分位阈值等方法定义的指标进行监测，具体指标定义方法说明如下。

　　历史极值：某指标历史序列的极大或极小值，要求该历史序列从建站到统计截止时间至少有 30 a。

　　极端事件：对某指标的样本序列从小到大进行排位，定义超过该序列的第 95 百分位值为极端多事件，低（少）于第 5 百分位值为极端少事件。样本序列由该指标在多年平均基准期 30 a（1981—2010 年）内每年的极大值和次大值共 60 个样本组成。

　　极端强降水事件：某日降水量大于日降水量样本序列的第 95 百分位值。

极端高温事件:某日最高气温大于日最高气温样本序列的第 95 百分位值。

极端低温事件:某日最低气温小于日最低气温样本序列的第 5 百分位值,且该日最低气温≤4 ℃(寒潮标准)。

站次比:极端事件次数除以有效观测站数再乘以 100% 的数值。

A2.2 北半球中高纬阻塞高压指数

对每个经度,南 500 hPa 高度梯度(GHGS)和北 500 hPa 高度梯度(GHGN)计算如下:

$$\text{GHGS} = \frac{Z(\varphi_0) - Z(\varphi_s)}{\varphi_0 - \varphi_s}$$

$$\text{GHGN} = \frac{Z(\varphi_n) - Z(\varphi_0)}{\varphi_n - \varphi_0}$$

式中,$\varphi_n = 80°\text{N} + \delta$,$\varphi_0 = 60°\text{N} + \delta$,$\varphi_s = 40°\text{N} + \delta$,$\delta = -5°, 0°, 5°$。

对某时某经度任意一个 δ 值,如果条件满足:

(1)GHGS>0

(2)GHGN<−10 gpm/纬度

则诊断为该时该经度有阻塞,阻塞指数为 GHGS。当有两个以上的 δ 值同时满足(1) 和(2) 两个条件时,则取 GHGS 值大者为阻塞指数。因为阻高有一段持续的时间,在计算 GHGS 和 GHGN 之前,先对 500 hPa 高度场做 5 d 的滑动平均,把有充分持续时间的阻高分离出来。

阻塞高压的定义和计算方法见参考文献(李威等,2007;Lejenas and Okland,1983;Tibaldi and Molteni,1990)。

A2.3 西北太平洋热带辐合带(ITCZ)强度指数

夏季 120°～150°E,5°～20°N 范围内 OLR 的平均值作为夏季西北太平洋 ITCZ 的强度指数(曹西 等,2013)。

A2.4 马斯克林高压指数

35°～25°S,40°～90°E 范围内的海平面气压(SLP)面积加权平均值。

A2.5 澳大利亚高压指数

35°～25°S,120°～150°E 范围内的海平面气压(SLP)面积加权平均值。

A2.6 越赤道气流

索马里越赤道气流:5°S～5°N,40°～50°E 范围内 850 hPa 经向风的面积加权平均值。

孟加拉湾越赤道气流:5°S～5°N,80°～90°E 范围内 850 hPa 经向风的面积加权平均值。

南海越赤道气流:5°S～5°N,100°～110°E 范围内 850 hPa 经向风的面积加权平均值。

菲律宾越赤道气流:5°S～5°N,120°～130°E 范围内 850 hPa 经向风的面积加权平均值。

A2.7 南亚高压

选取青藏高原及其周围地区(0°～55°N,0°～180°)上空 100 hPa 东西风零线上位势高度最大处为主高压中心,定义高压中心的位势高度(减去 16800 gpm)为强度指数。

A2.8 东亚副热带西风急流指数

选取 90°E～180°,10°～60°N 范围内 200 hPa 高度上风速≥30 m/s 格点(连续区域)为副热带西风急流区,以急流区内风速与 30 m/s 的差值为权重,按下式计算急流位置指数:

$$I_{Lon} = \frac{1}{\sum_{i=1}^{n}(V_i - 30)} \sum_{i=1}^{n}\{(V_i - 30) \times Lon_i\} \text{,当 } V_i \geqslant 30 \text{ m/s}$$

$$I_{Lat} = \frac{1}{\sum_{i=1}^{n}(V_i - 30)} \sum_{i=1}^{n}\{(V_i - 30) \times Lat_i\} \text{,当 } V_i \geqslant 30 \text{ m/s}$$

式中,I_{Lon}、I_{Lat} 分别为急流经、纬度位置指数,V 为风速,Lon 和 Lat 分别为经度和纬度。

西风急流区累计风速(格点风速与 30 m/s 的差值)为副热带西风急流强度指数。

A2.9 北极涛动(AO)指数

北半球热带外(20°～90°N)1000 hPa 高度异常场(相对 1981—2010 年平均)经验正交函数分析(EOF)所得的第一模态的时间系数的标准化序列。

A2.10 南海季风监测指标

南海季风监测区选为:10°～20°N,110°～120°E

南海夏季风起止时间的判定指标:以南海季风监测区内平均纬向风和假相当位温为监测指标,同时参考 200 hPa、850 hPa 和 500 hPa 位势高度场的演变。监测区内平均纬向风由东风稳定转为西风以及假相当位温稳定地>340 K 的时间为南海夏季风爆发时间。

南海夏季风强度逐候变化:以南海季风监测区内平均纬向风逐候变化和同时段气候平均值比较,考察南海夏季风强度的逐候变化。

年南海夏季风强度指数:南海夏季风爆发到结束期间纬向风强度累积值的标准化距平值为当年南海夏季风强度指数(多年平均基准期为 1981—2010 年)(朱艳峰,2005)。

A2.11 亚洲热带夏季风爆发指标

夏季风爆发与风向的转变、对流活动和强降水的发生是密不可分的,因此,这里综合考虑热力和动力因素,用 850 hPa 候平均的纬向风>0 m/s 同时 OLR 满足≤230 W/m² ,以及候平均降水>6 mm 定义为亚洲热带夏季风爆发的临界值(柳艳菊 等,2007)。

A2.12 东亚副热带夏季风监测指标

采用张庆云等(2003)定义,即:将东亚热带季风槽区(10°～20°N,100°～150°E)与东亚副热带地区(25°～35°N,100°～150°E)6—8 月平均的 850 hPa 风场的纬向风距平差定义为东亚副热带夏季风指数(I_{EASM})：

$$I_{\text{EASM}} = U'_{850 \text{ hPa}(10°\sim20°\text{N},100°\sim150°\text{E})} - U'_{850 \text{ hPa}(25°\sim35°\text{N},100°\sim150°\text{E})}$$

利用该定义计算出逐年的东亚副热带夏季风指数,将东亚副热带夏季风指数≥2 m/s 的年份定义为强夏季风年,≤−2 m/s 的年份定义为弱夏季风年。

A2.13 东亚冬季风监测指标

取西伯利亚高压强度和东亚冬季风指数(朱艳峰,2008)为冬季风监测指标,其中前者代表冬季风在源地的强弱,后者是适用于描述中国大陆冬季气温变化的东亚冬季风指数。计算方法如下:

西伯利亚高压强度指数:选取西伯利亚高压气候平均位置(40°~60°N,80°~120°E),计算该区域冬季平均海平面气压值,并进行标准化。

东亚冬季风指数:北半球冬季 25°~35°N,80°~120°E 区域与 50°~60°N,80°~120°E 区域平均 500 hPa 纬向风距平差的标准化数值。

参考文献

曹西,陈光华,黄荣辉,等,2013. 夏季西北太平洋热带辐合带的强度变化特征及其对热带气旋的影响[J]. 热带气象学报, 29:198-206.

李威,王启祎,王小玲,2007. 北半球阻塞高压实时监测诊断业务系统[J]. 气象, 33 (4):77-81.

柳艳菊,丁一汇,2007. 亚洲夏季风爆发的基本气候特征分析[J]. 气象学报,65(4):511-526.

张庆云,陶诗言,陈烈庭,2003. 东亚夏季风指数的年际变化与东亚大气环流[J]. 气象学报,64 (4):559-568.

朱艳峰,2005. 近 55 年南海夏季风爆发时间的确定及对 2005 年南海夏季风爆发早晚的预测[J]. 气候预测评论,11: 62-68.

朱艳峰,2008. 一个适用于描述中国大陆冬季气温变化的东亚冬季风指数[J]. 气象学报,66(5):781-788.

LEJENAS H, OKLAND H, 1983. Characteristics of Northern Hemisphere blocking as determined from a long time series of observational data[J]. Tellus, 35A:350-362.

TIBALDI S, MOLTENI F, 1990. On the operational predictability of blocking[J]. Tellus, 42A:343-365.

附录 B 东亚季风系统及其气候特征

B1 东亚季风区

东亚季风区中,南海—西太平洋为热带季风区,冬季盛行东北季风,夏季盛行西南季风。东亚大陆—日本为副热带季风区,冬季 30°N 以北盛行西北季风,以南盛行东北季风;夏季盛行西南季风或东南季风。

B2 东亚冬季风环流系统成员

东亚冬季风系统在对流层低层的主要成员包括:西伯利亚高压、阿留申低压、冬季风(冷涌)和赤道辐合带(ITCZ)。中高层成员为乌拉尔山高压脊(乌山脊)、东亚大槽,副热带西风急流和西太平洋副热带高压(西太副高)(图 B.1)。在冬半年,欧亚大陆为冷高压控制,在东亚沿岸盛行强劲的西北风和东北风,贯穿南下,越过赤道直至南半球。

1)对流层低层。冬季赤道辐合带位于南半球,北半球中高纬度欧亚大陆上空为西伯利亚高压,海洋上空为阿留申低压。二者之间的气压梯度形成西北气流沿着我国东部沿岸南下,受高原大地形影响,在 30°N 以南转为东北风。在南北半球的热带洋面上空则为东南信风带和东北信风带。

2)对流层中高层。中高纬度地区乌拉尔山高压脊和东亚大槽的位置和深浅直接决定着冬季冷空气南下的频次、强度和区域。而西太副高西侧的水汽输送至我国陆地,往往和中高纬度冷空气配合形成雨雪天气。部分年份,孟加拉湾地区的南支槽频繁活动也会造成我国南方低温冻害,如 2008 年年初冻害。

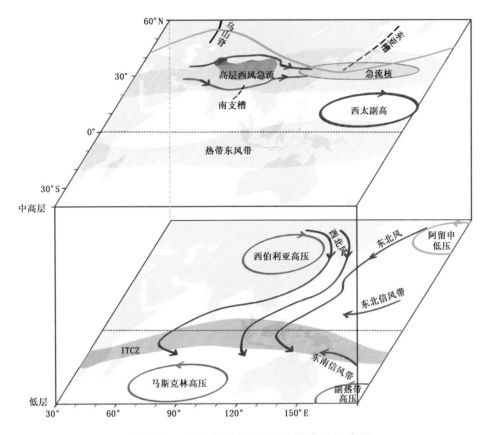

图 B.1　东亚冬季风环流系统成员示意图

B3　东亚夏季风环流系统成员

东亚夏季风的环流系统较冬季风更为复杂,其成员也更多(图 B.2)。

1)对流层低层。夏季风低层成员主要包括南半球副热带地区的马斯克林高压、澳大利亚高压以及北半球热带地区的赤道辐合带、越赤道气流、热带印度洋西风和中纬度地区的梅雨锋。受海陆地形的影响,在赤道辐合带上还分布着印度洋低压、孟加拉湾低压(孟湾低压)、孟加拉湾季风槽(孟湾季风槽)、南海低压(南海季风槽)。由于南半球副热带高压和赤道辐合带之间存在显著的经向气压梯度,从而造成气流自南向北越过赤道,在地形影响下形成数支越赤道气流中心,其中在马斯克林高压和印度洋低压间形成全球最强大的越赤道气流——索马里越赤道气流。索马里越赤道气流受柯氏力影响形成热带印度洋西风和西南季风,从而将热带水汽从阿拉伯海经孟加拉湾和南海输送至我国。而在东亚地区南北两侧的气压梯度形成南海越赤道气流,和西太平洋副热带高压西侧共同形成东南季风和东南水汽输送,并影响台风的活动。

2)对流层中高层。对流层中高层,西太平洋副热带高压较冬季北移,青藏高原和伊朗高原的热力作用造成对流层上层形成异常强大的南亚高压,在南亚高压南侧形成东风急流中心。该急流中心东侧各有一个东风急流分支,北支位于 15°N 附近,南支位于 5°N 附近。南亚高压北侧为西风急流。受高原地形影响,西风急流在高原南北两侧存在绕流现象。高纬度地区为阻塞活动,最主要的两个阻高中心分别位于乌拉尔山(乌山)和鄂霍次克海(鄂海)地区。

在对流层高层南支东风急流入口区北侧为高层辐散,对应低层辐合,气流为上升运动,而在入口区南侧的南半球刚好相反,高层辐合低层辐散,气流为下沉运动,这样形成一个低层自南向北、高层自北向南的季风环流圈。

在高原上空由于热力上升,而此时南半球相对冷,形成下沉运动,这样形成另一个高层自北向南、低层自南向北的高原环流圈。

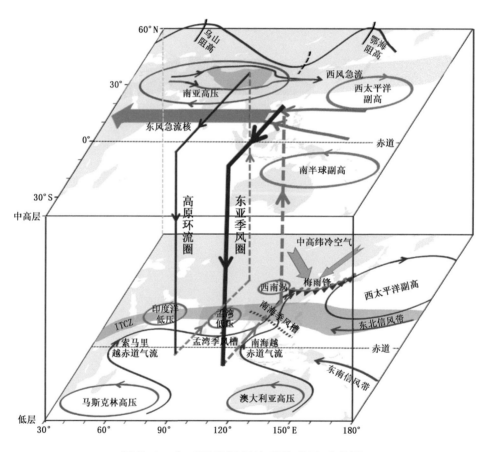

图 B.2　东亚夏季风环流系统成员示意图